不可思议的发明

超赞磨冰机

[加] 莫妮卡·库林 / 著　　[加] 蕾妮·伯努瓦 / 绘　　简严 / 译

人民东方出版传媒
People's Oriental Publishing & Media
东方出版社
The Oriental Press

图书在版编目（CIP）数据

不可思议的发明. 超赞磨冰机 /（加）莫妮卡·库林著；（加）蕾妮·伯努瓦绘；简严译 .
— 北京：东方出版社，2024.8
书名原文：Great Ideas
ISBN 978-7-5207-3664-0

Ⅰ . ①不… Ⅱ . ①莫… ②蕾… ③简… Ⅲ . ①创造发明—儿童读物 Ⅳ . ① N19-49

中国国家版本馆 CIP 数据核字 (2023) 第 213178 号

This translation published by arrangement with Tundra Books,
a division of Penguin Random House Canada Limited.

中文简体字版专有权属东方出版社
著作权合同登记号　图字：01-2023-4891

不可思议的发明：超赞磨冰机
（BUKESIYI DE FAMING：CHAOZAN MOBINGJI）

作　　者：［加］莫妮卡·库林　著
　　　　　［加］蕾妮·伯努瓦　绘
译　　者：简　严
责任编辑：赵　琳
封面设计：智　勇
内文排版：尚春苓
出　　版：东方出版社
发　　行：人民东方出版传媒有限公司
地　　址：北京市东城区朝阳门内大街 166 号
邮　　编：100010
印　　刷：大厂回族自治县德诚印务有限公司
版　　次：2024 年 8 月第 1 版
印　　次：2024 年 8 月第 1 次印刷
开　　本：889 毫米 ×1194 毫米　1/16
印　　张：2
字　　数：23 千字
书　　号：ISBN 978-7-5207-3664-0
定　　价：158.00 元（全 9 册）
发行电话：（010）85924663　85924644　85924641

骨质冰刀鞋

在瑞士的一个湖底
人们发现了一双溜冰鞋
动物骨头做成的冰刀
被皮绳牢牢绑在鞋底

当大地冰封一片
骨质冰刀鞋能带你到处转转

后来的荷兰人
将木制底座牢牢绑在滑行装置上
用木杆推动自己
滑过冰冻的运河

当大地冰封一片
这辆"小雪车"可带你到处转转

人类的发明让溜冰鞋
穿着更轻便，滑得更安全
溜冰渐渐成为今天的模样：
当大地冰封一片
你可以随心滑翔

咔！咔嚓！嗖嗖嗖！加利福尼亚州派拉蒙的冰岛溜冰场人头攒动。

1939年，弗兰克·赞博尼和弟弟劳伦斯、表弟皮特建了个溜冰场。开业时，溜冰场还没有房顶，直到第二年春末，弗兰克才给溜冰场加盖了屋顶，以防止加州阳光的暴晒。

在冰岛溜冰场溜冰如梦幻般美好，唯一的遗憾是重新铺设冰面需要时间，即便工作人员干得再快，也需要一个半小时。

重铺冰面的第一步是整平冰层。拖拉机拉着刨床先刮平冰面的坑坑洼洼，然后工作人员铲掉刮起的冰花；冲洗冰面后，再喷一层干净的水。最后，工作人员拖一大桶开水沿着溜冰场绕圈喷洒，让冰面闪闪发亮。

　　溜冰的人等啊等啊，等得都不耐烦了，弗兰克决定设法改变这种状况。

弗兰克·约瑟夫·赞博尼于1901年出生在美国犹他州的尤里卡。

为了寻求更美好的生活，他的父母从意大利来到美国。弗兰克在家里的4个孩子中排行第3。在弗兰克呱呱坠地不久，赞博尼夫妇就在离爱达荷州熔岩温泉不远的地方买了个农场。

随着时光流逝，弗兰克年岁渐长，而弗兰克的父亲也需要人手帮忙干活儿，所以在弗兰克读初三时，父亲就让他辍学了，在20世纪初，孩子们辍学帮家里干活儿是非常普遍的，但弗兰克很快就在卡车和拖拉机维修方面展露出了天赋。

要么去加利福尼亚州闯闯，要么等着破产！

1920年，赞博尼一家搬到位于洛杉矶南部的加利福尼亚州的克利尔沃特，去和他们的哥哥乔治住在一起。

乔治有家汽车维修店，弗兰克和劳伦斯在那儿干活儿，主要维修汽车与货车。他们拼命攒钱，好送其中一个去职业学校继续学习。

后来，弗兰克去了芝加哥的科尼电气学校学习电气工程。

9

两年后，弗兰克回到加利福尼亚州，他和劳伦斯开设了一家赞博尼兄弟公司，主要业务包括电气工程、钻井、给奶牛场安装制冷设备等。

1923 年，弗兰克结婚了，也比以前更忙碌了。他和妻子诺达生了 3 个孩子：女儿阿琳和琼，儿子理查德。

1927 年，弗兰克兄弟俩又开了一家制冰厂。在当时，人们把大冰块放在冰箱里冷藏食物，食品加工厂用小冰块给蔬菜水果保鲜，在通过铁路运输来给全国各地送货时冰块也必不可少。

　　但当电冰箱开始走进千家万户时，人们渐渐不再需要冰块了。这时，弗兰克有了个点子：用我们的制冰设备来建个溜冰场吧。

　　"溜冰场？可我们对溜冰一无所知啊！"劳伦斯说。

　　"没关系。"弗兰克说，"只要我们知道如何制冰。"

但弗兰克还是遇到了问题，水泥地板中都铺设了管道，这是因为盐水需要在平行排列的管道中循环，从而使水泥地板尽快冷却，进而使喷在地板上的水结成冰，但这些管道也使溜冰场的冰面起伏不平。

　　弗兰克用平整的大水箱建了实验地板。在实验地板上制好冰后，他用手拂过冰面。居然没有高低起伏，冰面像镜子一样光滑。

　　弗兰克用这种方式建了"冰岛溜冰场"，但他直到1946年才获得平整溜冰场冰面的专利。多亏了弗兰克，冰岛溜冰场的冰面是附近的溜冰场中最平整光滑的。

现在弗兰克又面临着一个新的挑战：重铺冰面即使5个人也需要90分钟，他能让一个人在10分钟内完成吗？

　　弗兰克画了很多设计图，也造了不少样机和模型。

　　其中2号样机以雪橇为框架，由拖拉机带动。但它无法磨平冰面，也不能完全地铲起磨平冰面产生的冰碴，弗兰克只好从头再来。

弗兰克在溜冰场后的工作间鼓捣新机器。不时有人停下来问他在干什么，当弗兰克告诉他们自己的想法后，他们尽说些"那不可能做到""你疯了"之类的风凉话。

弗兰克只能埋头苦干，更加努力地尝试。

然而，第二次世界大战的爆发中断了弗兰克的发明工作。

战争结束后，弗兰克能以比较便宜的价格买到一些军用配件了，比如发动机和车轴。他用吉普车的底盘建了台冰面重铺机。

到1949年，弗兰克已在他的发明上花费了9年时间，他的机器能如愿工作吗？

弗兰克坐进模型A的驾驶室。

"开动！"劳伦斯高兴地喊道。

模型 A 机器上安装的冰刀先刨平冰面，挡板和链条传送机将刨刮物铲起并倒入机器顶部的储物箱。机器接着清洗冰面，最后，洒上干净的水，用毛巾擦拭使冰面闪亮。

　　遗憾的是，这台机器驾驶起来还不尽如人意。四轮转向很容易导致机器与围挡碰撞。当弗兰克调换到二轮转向时，问题很快就解决了。模型 A 一下就能又快又好地把冰面铺设平整。

经过多年的摸索，弗兰克造了不计其数的模型，每一个都在上一个的基础上进行了改进。现在，他需要给他的公司和磨冰机命名了。

　　由于加利福尼亚州的克利尔沃特和海因斯镇已经并入到派拉蒙市，弗兰克想把他的公司叫作"派拉蒙工程公司"，但已经有人先使用了这个名字。

　　弗兰克最后选择了自己的姓氏"赞博尼"。后来，人们认为弗兰克最奇妙的发明就是赞博尼磨冰机。

1951 年，挪威花样滑冰的超级明星索尼娅·海妮购买了两台赞博尼磨冰机，她曾是奥运会花样滑冰的三连冠，当时在从事电影拍摄和冰上表演秀。

　　弗兰克把海妮买的磨冰机漆成显眼的消防车红。这样，当磨冰机工作时，不管观众坐在哪里，都能把赞博尼机器看得一清二楚。每当赞博尼磨冰机工作完，整个溜冰场就焕然一新。

有赞博尼，享受轻松！

你知道吗？

●磨冰机经过一趟能清理 1.7 立方米的冰，这些冰足够做 3000 多个甜筒冰淇淋！

●1960 年，赞博尼磨冰机第一次在冬奥会亮相。

●2000 年，赞博尼磨冰机的模型被制作成一种由美国全国曲棍球联合会专卖的代币。

●2001 年，赞博尼磨冰机以最高约每小时 14.5 千米的速度，历经 4 个月穿越加拿大，从纽芬兰的圣约翰斯驶往不列颠哥伦比亚省的维多利亚。

●2002 年在盐湖城的冬奥会上，有 20 台赞博尼磨冰机随时待命准备平整冰面。

●2005 — 2013 年，在加拿大的麦当劳餐厅里，每一份开心乐园套餐附赠一个迷你型赞博尼磨冰机。

●除了南极洲，赞博尼磨冰机的足迹已经遍布各大洲。